Mathematik Ferienhefte für liebe Kinder - AHS / NMS - Nach der 2. Klasse

Ferienheft Mathematik 2. Klasse MS/AHS - Zur Vorbereitung auf die 3. Klasse MS/AHS - Ferienheft mit eingelegten Lösungen

Band 3

JUNGES MATHE TEAM

Deckblatt

Titel des Hefts

Name des Schülers / der Schülerin

Schuljahr

Platz für das Schullogo oder andere Grafiken

Gleichungen und Ungleichungen:

- **Gleichungen** sind mathematische Aussagen, bei denen zwei Ausdrücke gleich sind. Zum Beispiel ist "$2 + 3 = 5$" eine Gleichung, da beide Seiten gleich sind.
- **Ungleichungen** hingegen sind mathematische Aussagen, bei denen zwei Ausdrücke ungleich sind. Zum Beispiel ist "$2 > 1$" eine Ungleichung, da 2 größer als 1 ist.

Übungen:

1. $3x + 5 = 14$
2. $2y - 7 = 11$
3. $4z + 9 = 25$
4. $x/2 + 3 = 7$
5. $2y - 10 = 6$
6. $5z - 8 = 17$
7. $2x - 3 = 9$
8. $3y + 4 = 22$
9. $6z - 5 = 11$
10. $4x + 7 = 15$

11. $2y + 6 = 20$
12. $3z - 4 = 5$
13. $5x - 2 = 13$
14. $3y + 8 = 17$
15. $2z + 7 = 15$
16. $x/4 + 2 = 5$
17. $6y - 9 = 27$
18. $4z + 5 = 21$
19. $3x - 2 = 16$
20. $2y + 5 = 11$
21. $5z - 3 = 22$
22. $2x - 7 = 1$
23. $4y + 3 = 15$
24. $3z + 6 = 9$
25. $7x + 4 = 25$

Lösungen (Beispiel):

1. Lösung: $x = 3$
2. Lösung: $y = 9$
3. Lösung: $z = 4$
4. Lösung: $x = 8$
5. Lösung: $y = 8$
6. Lösung: $z = 5$
7. Lösung: $x = 6$

8. Lösung: $y = 6$
9. Lösung: $z = 3$
10. Lösung: $x = 2$
11. Lösung: $y = 7$
12. Lösung: $z = 3$
13. Lösung: $x = 3$
14. Lösung: $y = 3$
15. Lösung: $z = 4$
16. Lösung: $x = 12$
17. Lösung: $y = 6$
18. Lösung: $z = 4$
19. Lösung: $x = 6$
20. Lösung: $y = 3$
21. Lösung: $z = 5$
22. Lösung: $x = 4$
23. Lösung: $y = 4$
24. Lösung: $z = 1$
25. Lösung: $x = 3$

Übungen:

26. $2x - 4 = 10$
27. $3y + 7 = 16$
28. $4z - 5 = 15$
29. $x/3 + 2 = 7$

30. $2y - 6 = 10$
31. $5z + 8 = 33$
32. $3x - 2 = 13$
33. $4y + 9 = 25$
34. $6z - 4 = 26$
35. $x/5 + 3 = 6$
36. $2y + 4 = 14$
37. $4z - 7 = 5$
38. $5x + 6 = 21$
39. $3y + 5 = 23$
40. $2z + 6 = 18$
41. $x/4 - 2 = 7$
42. $6y - 8 = 28$
43. $4z + 3 = 19$
44. $3x + 2 = 20$
45. $2y + 7 = 15$
46. $5z - 3 = 22$
47. $2x + 5 = 11$
48. $3y - 4 = 14$
49. $6z + 9 = 39$
50. $x/2 + 4 = 10$

Lösungen (Beispiel):

26. Lösung: $x = 7$
27. Lösung: $y = 3$
28. Lösung: $z = 5$
29. Lösung: $x = 15$
30. Lösung: $y = 8$
31. Lösung: $z = 5$
32. Lösung: $x = 5$
33. Lösung: $y = 4$
34. Lösung: $z = 5$
35. Lösung: $x = 15$
36. Lösung: $y = 5$
37. Lösung: $z = 3$
38. Lösung: $x = 3$
39. Lösung: $y = 6$
40. Lösung: $z = 6$
41. Lösung: $x = 36$
42. Lösung: $y = 6$
43. Lösung: $z = 4$
44. Lösung: $x = 6$
45. Lösung: $y = 4$
46. Lösung: $z = 5$
47. Lösung: $x = 3$
48. Lösung: $y = 6$

49. Lösung: $z = 5$
50. Lösung: $x = 12$

Übungen:

51. $2x - 3 = 7$
52. $3y + 6 = 15$
53. $4z + 5 = 25$
54. $x/4 + 1 = 6$
55. $2y + 5 = 17$
56. $5z - 7 = 28$
57. $3x + 4 = 16$
58. $4y - 8 = 24$
59. $6z + 6 = 36$
60. $x/2 - 2 = 5$
61. $2y - 4 = 6$
62. $4z + 7 = 27$
63. $5x + 3 = 23$
64. $3y - 6 = 9$
65. $2z + 4 = 12$
66. $x/3 + 3 = 6$
67. $6y + 8 = 32$
68. $4z - 3 = 13$
69. $3x - 1 = 14$

70. $2y + 6 = 18$
71. $5z - 5 = 20$
72. $x/5 + 2 = 7$
73. $2y - 5 = 7$
74. $4z + 6 = 30$
75. $3x + 1 = 10$

Lösungen (Beispiel):

51. Lösung: $x = 5$
52. Lösung: $y = 3$
53. Lösung: $z = 5$
54. Lösung: $x = 20$
55. Lösung: $y = 6$
56. Lösung: $z = 7$
57. Lösung: $x = 4$
58. Lösung: $y = 8$
59. Lösung: $z = 5$
60. Lösung: $x = 14$
61. Lösung: $y = 5$
62. Lösung: $z = 5$
63. Lösung: $x = 4$
64. Lösung: $y = 5$
65. Lösung: $z = 4$
66. Lösung: $x = 3$

67. Lösung: $y = 4$
68. Lösung: $z = 4$
69. Lösung: $x = 5$
70. Lösung: $y = 6$
71. Lösung: $z = 5$
72. Lösung: $x = 15$
73. Lösung: $y = 6$
74. Lösung: $z = 6$
75. Lösung: $x = 3$

Einfache Gleichungen lösen:

- Das Lösen einfacher Gleichungen beinhaltet das Finden der unbekannten Variable (meistens als "x" bezeichnet). Zum Beispiel, in der Gleichung "$2x = 8$", ist die Lösung $x = 4$, da $2 * 4 = 8$.

Übungen:

1. $3x + 7 = 16$
2. $2y - 5 = 11$
3. $4z + 8 = 32$
4. $x/2 + 3 = 9$
5. $2y + 6 = 18$
6. $5z - 7 = 28$
7. $3x - 4 = 14$
8. $4y + 9 = 25$
9. $6z + 6 = 42$
10. $x/4 - 2 = 5$

Lösungen:

1. Lösung: $x = 3$
2. Lösung: $y = 8$
3. Lösung: $z = 6$
4. Lösung: $x = 12$
5. Lösung: $y = 6$
6. Lösung: $z = 7$
7. Lösung: $x = 6$
8. Lösung: $y = 4$
9. Lösung: $z = 6$
10. Lösung: $x = 30$

Übungen:

11. $2x + 5 = 15$
12. $3y - 6 = 12$
13. $4z - 3 = 13$
14. $x/3 + 2 = 7$
15. $2y - 4 = 10$
16. $5z + 7 = 42$
17. $3x - 2 = 16$
18. $4y + 8 = 32$
19. $6z - 6 = 24$
20. $x/5 + 3 = 8$

21. $2y + 4 = 14$
22. $4z - 5 = 15$
23. $5x + 6 = 36$
24. $3y + 6 = 24$
25. $2z + 3 = 13$
26. $x/4 + 1 = 5$
27. $2y - 5 = 15$
28. $4z + 5 = 25$
29. $3x + 4 = 13$
30. $4y + 9 = 21$

Lösungen:

11. Lösung: $x = 5$
12. Lösung: $y = 6$
13. Lösung: $z = 4$
14. Lösung: $x = 15$
15. Lösung: $y = 7$
16. Lösung: $z = 7$
17. Lösung: $x = 6$
18. Lösung: $y = 6$
19. Lösung: $z = 5$
20. Lösung: $x = 25$
21. Lösung: $y = 5$

22. Lösung: $z = 5$
23. Lösung: $x = 6$
24. Lösung: $y = 6$
25. Lösung: $z = 5$
26. Lösung: $x = 16$
27. Lösung: $y = 10$
28. Lösung: $z = 5$
29. Lösung: $x = 3$
30. Lösung: $y = 1$

Einfache Ungleichungen lösen:

- Das Lösen einfacher Ungleichungen beinhaltet das Finden von Werten, die die Ungleichung erfüllen. Zum Beispiel, in der Ungleichung "$3x > 12$", ist die Lösung $x > 4$, da jedes x größer als 4 die Ungleichung wahr macht.

Übungen:

1. $3x + 5 < 14$
2. $2y - 7 > 11$
3. $4z + 9 \leq 25$
4. $x/2 + 3 \geq 7$
5. $2y - 10 < 6$
6. $5z - 8 \geq 17$
7. $2x - 3 > 9$
8. $3y + 4 < 22$
9. $6z - 5 \leq 11$
10. $x/4 - 2 \geq 5$

Lösungen:

1. Lösung: $x < 3$
2. Lösung: $y > 9$
3. Lösung: $z \leq 4$
4. Lösung: $x \geq 8$
5. Lösung: $y < 8$
6. Lösung: $z \geq 5$
7. Lösung: $x > 6$
8. Lösung: $y < 6$
9. Lösung: $z \leq 3$

10. Lösung: $x \geq 30$

Übungen:

11. $2x - 5 > 15$
12. $3y + 6 < 12$
13. $4z - 3 \geq 13$
14. $x/3 + 2 > 7$
15. $2y - 4 \leq 10$
16. $5z + 7 > 42$
17. $3x - 2 < 16$
18. $4y + 8 > 32$
19. $6z - 6 \geq 24$
20. $x/5 + 3 < 8$
21. $2y + 4 > 14$
22. $4z - 5 < 15$
23. $5x + 6 \geq 36$
24. $3y + 6 > 24$
25. $2z + 3 < 13$
26. $x/4 + 1 > 5$
27. $2y - 5 < 15$
28. $4z + 5 \geq 25$
29. $3x + 4 > 13$
30. $4y + 9 \leq 21$

Lösungen:

11. Lösung: $x < -5$
12. Lösung: $y < 2$
13. Lösung: $z \geq 4$
14. Lösung: $x > 15$
15. Lösung: $y \leq 7$
16. Lösung: $z > 7$
17. Lösung: $x < 6$
18. Lösung: $y > 6$
19. Lösung: $z \geq 6$
20. Lösung: $x > 5$
21. Lösung: $y > 5$
22. Lösung: $z < 5$
23. Lösung: $x \geq 6$
24. Lösung: $y > 6$
25. Lösung: $z < 13$
26. Lösung: $x > 16$
27. Lösung: $y < 10$
28. Lösung: $z \geq 5$
29. Lösung: $x > 3$
30. Lösung: $y \leq 1$

Gleichungen mit mehreren Unbekannten:

- Gleichungen mit mehreren Unbekannten beinhalten mehr als eine Variable. Zum Beispiel könnte eine solche Gleichung sein: "$2x + 3y = 10$". Das Lösen solcher Gleichungen erfordert das Finden von Werten für beide Unbekannte, die die Gleichung erfüllen.

Übungen:

1. $2x + 3y = 10$
2. $3x - 2y = 7$
3. $x + 2y - z = 12$
4. $4x - y + 2z = 18$
5. $2x + 3y + z = 20$
6. $x - 2y + z = 5$
7. $3x + 2y - z = 9$
8. $2x - 4y + 3z = 13$
9. $x + 2y + 2z = 16$
10. $4x - 3y + z = 10$
11. $2x + y - 3z = 7$
12. $x - y + 4z = 14$

13. $3x - y + 2z = 8$
14. $2x + 2y - z = 10$
15. $4x + y + 3z = 25$
16. $x - 3y + 2z = 15$
17. $2x + y + z = 12$
18. $x + 2y - 2z = 4$
19. $3x + 2y + z = 19$
20. $2x + 3y - z = 11$

Lösungen (Beispiel):

1. Lösung: $x = 4, y = 2$
2. Lösung: $x = 5, y = 4$
3. Lösung: $x = 6, y = 2, z = 2$
4. Lösung: $x = 4, y = 5, z = 4$
5. Lösung: $x = 4, y = 4, z = 12$
6. Lösung: $x = 3, y = 1, z = 7$
7. Lösung: $x = 2, y = 3, z = 1$
8. Lösung: $x = 5, y = 2, z = 4$
9. Lösung: $x = 2, y = 6, z = 4$
10. Lösung: $x = 2, y = 6, z = 4$
11. Lösung: $x = 5, y = 2, z = 1$
12. Lösung: $x = 5, y = 4, z = 2$
13. Lösung: $x = 2, y = 4, z = 4$
14. Lösung: $x = 3, y = 2, z = 7$

15. Lösung: $x = 3$, $y = 5$, $z = 2$
16. Lösung: $x = 3$, $y = 3$, $z = 6$
17. Lösung: $x = 3$, $y = 4$, $z = 5$
18. Lösung: $x = 2$, $y = 3$, $z = 1$
19. Lösung: $x = 2$, $y = 3$, $z = 14$
20. Lösung: $x = 4$, $y = 3$, $z = 7$

Übungen:

21. $x + y - z = 8$
22. $2x - 3y + 4z = 16$
23. $3x + 2y - z = 10$
24. $x + 3y + 2z = 14$
25. $4x - y - z = 5$
26. $2x + 2y + 3z = 15$
27. $x - 2y - 3z = 7$
28. $3x + y + z = 12$
29. $2x - y + 2z = 11$
30. $x + 2y - z = 5$
31. $4x - 2y + z = 13$
32. $2x + 3y - 2z = 8$
33. $x - 3y + z = 6$
34. $3x + 2y + 2z = 18$

35. $x + y + 3z = 11$
36. $4x - 3y + 3z = 12$
37. $2x - y - 2z = 3$
38. $x + 2y + z = 9$
39. $3x + y - 2z = 10$
40. $x - 2y + 3z = 4$

Lösungen (Beispiel):

21. Lösung: $x = 3, y = 5, z = 4$
22. Lösung: $x = 2, y = 3, z = 4$
23. Lösung: $x = 4, y = 3, z = 5$
24. Lösung: $x = 3, y = 2, z = 4$
25. Lösung: $x = 3, y = 1, z = 2$
26. Lösung: $x = 2, y = 3, z = 2$
27. Lösung: $x = 1, y = 2, z = 3$
28. Lösung: $x = 2, y = 3, z = 7$
29. Lösung: $x = 3, y = 5, z = 2$
30. Lösung: $x = 2, y = 1, z = 3$
31. Lösung: $x = 4, y = 1, z = 3$
32. Lösung: $x = 2, y = 3, z = 4$
33. Lösung: $x = 4, y = 2, z = 8$
34. Lösung: $x = 3, y = 2, z = 4$
35. Lösung: $x = 2, y = 3, z = 2$

36. Lösung: $x = 1, y = 2, z = 3$
37. Lösung: $x = 3, y = 1, z = 1$
38. Lösung: $x = 2, y = 3, z = 4$
39. Lösung: $x = 4, y = 2, z = 3$
40. Lösung: $x = 2, y = 1, z = 1$

Übungen:

41. $x + 2y + 2z = 18$
42. $4x - 3y + z = 12$
43. $2x - 2y - 3z = 5$
44. $3x + 4y - z = 14$
45. $x - y + 3z = 10$
46. $2x + 3y + z = 13$
47. $3x - y - 2z = 8$
48. $x + 2y + z = 11$
49. $4x - 2y + 3z = 18$
50. $2x + y - 3z = 6$
51. $x + y + 2z = 12$
52. $4x - 3y - z = 9$
53. $3x + 2y + 3z = 20$
54. $x - y + z = 7$
55. $2x - 3y + 2z = 10$
56. $2x + 2y + z = 14$
57. $3x - 2y + z = 11$

58. $x + 3y - 2z = 13$

59. $4x - y + 2z = 16$

60. $2x + y + z = 10$

Lösungen (Beispiel):

41. Lösung: $x = 4, y = 3, z = 5$
42. Lösung: $x = 3, y = 2, z = 1$
43. Lösung: $x = 2, y = 4, z = 3$
44. Lösung: $x = 5, y = 3, z = 8$
45. Lösung: $x = 2, y = 1, z = 3$
46. Lösung: $x = 4, y = 2, z = 7$
47. Lösung: $x = 3, y = 7, z = 2$
48. Lösung: $x = 1, y = 4, z = 6$
49. Lösung: $x = 2, y = 3, z = 4$
50. Lösung: $x = 3, y = 2, z = 1$
51. Lösung: $x = 4, y = 2, z = 3$
52. Lösung: $x = 3, y = 5, z = 4$
53. Lösung: $x = 4, y = 2, z = 2$
54. Lösung: $x = 5, y = 3, z = 4$
55. Lösung: $x = 2, y = 4, z = 3$
56. Lösung: $x = 3, y = 2, z = 9$
57. Lösung: $x = 4, y = 3, z = 4$
58. Lösung: $x = 5, y = 1, z = 2$
59. Lösung: $x = 3, y = 8, z = 4$

60. Lösung: $x = 4$, $y = 3$, $z = 3$

Textaufgaben mit Gleichungen:

- Textaufgaben sind realistische mathematische Szenarien, die in Gleichungen oder Ungleichungen übersetzt werden müssen, um gelöst zu werden. Zum Beispiel könnte eine Textaufgabe sein: "Wenn Alice das Doppelte von Bob's Alter hat und zusammen sind sie 30 Jahre alt, wie alt sind Alice und Bob?" Dies kann in einer Gleichung wie "A = 2B" ausgedrückt werden, wobei A das Alter von Alice und B das Alter von Bob ist.

Das Lösen von Gleichungen und Ungleichungen sowie das Anwenden dieser Konzepte auf Textaufgaben sind grundlegende Fähigkeiten in der Mathematik und haben breite Anwendungen in verschiedenen Bereichen, einschließlich der Algebra, der Analysis und der Problemlösung in der realen Welt.

Textaufgabe 1: Ein Apfel kostet 0,50 Euro, und eine Banane kostet 0,30 Euro. Zusammen haben Lisa und Tom 2,40 Euro ausgegeben. Wie viele Äpfel und Bananen haben sie gekauft?

Lösung 1: Seien x die Anzahl der Äpfel und y die Anzahl der Bananen. Wir können das folgendermaßen ausdrücken: $0{,}50x + 0{,}30y = 2{,}40$

Jetzt lösen wir die Gleichung nach x auf: $0{,}50x = 2{,}40 - 0{,}30y$ $x = (2{,}40 - 0{,}30y) / 0{,}50$

Nun können wir Werte für y einsetzen, um x zu finden.

Textaufgabe 2: Ein Zug fährt mit einer Geschwindigkeit von 80 km/h. Ein Auto fährt 4 Stunden später los und fängt an, den Zug einzuholen. Die Geschwindigkeit des Autos beträgt 100 km/h. Wie lange dauert es, bis das Auto den Zug einholt?

Lösung 2: Sei t die Zeit in Stunden, die das Auto benötigt, um den Zug einzuholen. Der Zug ist bereits 4 Stunden unterwegs, daher ist die Zeit, die der Zug benötigt hat, um die gleiche Strecke zu fahren, t + 4 Stunden. Die Entfernung, die der Zug zurückgelegt hat, entspricht der Entfernung des Autos: $80(t + 4) = 100t$

Jetzt lösen wir die Gleichung nach t auf: 80t + 320 = 100t 320 = 100t - 80t 320 = 20t

t = 320 / 20 t = 16

Es dauert also 16 Stunden, bis das Auto den Zug einholt.

Diese beiden Textaufgaben zeigen, wie Gleichungen verwendet werden können, um reale Probleme zu lösen. Sie können weitere Textaufgaben erstellen und mit Gleichungen lösen, um Ihr Verständnis zu vertiefen.

Logik und Knobelaufgaben

Natürlich, hier sind 25 logische Rätsel und Denksportaufgaben:

1. Rätsel 1: Wenn ein Flugzeug in den USA abstürzt, genau an der Grenze zwischen New York und Kanada, wo beerdigt man die Überlebenden?

2. Rätsel 2: Du siehst einen Bus, der ohne Fahrer fährt. Zuerst steigen 2 Menschen ein, dann 4, dann 8, dann 16, usw. Wie viele Menschen sind am Ende im Bus?
3. Rätsel 3: Ein Mann fährt mit seinem Auto mit konstanter Geschwindigkeit. Nach 2 Stunden bemerkt er, dass sein Reifen geplatzt ist. Wie hoch ist die Wahrscheinlichkeit, dass er in den nächsten 2 Stunden noch einen Platten bekommt?

4. Rätsel 4: Ein Bauer hat 17 Schafe. Alle bis auf 9 sterben. Wie viele Schafe hat er jetzt?

5. Rätsel 5: Du befindest dich in einem dunklen Raum mit einer Kerze, einem Holzofen und einem Gasherd. Du hast nur eine Streichholzschachtel dabei. Welches zündest du zuerst an?

6. Rätsel 6: Was ist schwerer als 1 Tonne, aber leichter als 1 Tonne?

7. Rätsel 7: Ein Flugzeug stürzt auf der Grenze zwischen Deutschland und Polen ab. Wo beerdigt man die Überlebenden?

8. Rätsel 8: Du gehst in ein Zimmer mit zwei Türen. Eine Tür führt zum sicheren Tod durch einen Löwen, der seit 3 Monaten nichts gegessen hat. Die andere Tür führt zu einem Zimmer mit einem glühend heißen Boden. Welche Tür wählst du?
9. Rätsel 9: Wie kann man 7 mit fünf geraden Strichen schreiben, ohne den Stift abzusetzen?

10. Rätsel 10: Ein Mann baut ein Haus mit vier Wänden. Jede Wand zeigt nach Süden. Wie ist das möglich?

11. Rätsel 11: Was kommt einmal in einer Minute, zweimal in einem Moment, aber nie in tausend Jahren vor?

12. Rätsel 12: Ich bin schwerer als das, was ich ausmache, aber du kannst mich aufheben. Was bin ich?

13. Rätsel 13: Was hat einen Kopf, einen Schwanz, ist braun und hat keine Beine?

14. Rätsel 14: Je mehr du wegnimmst, desto größer wird es. Was ist das?

15. Rätsel 15: Ich habe Städte, aber keine Häuser. Ich habe Wälder, aber keine Bäume. Ich habe Flüsse, aber kein Wasser. Was bin ich?

16. Rätsel 16: Ich habe Schlüssel, aber keine Schlösser. Ich habe Räume, aber keine Wände. Was bin ich?

17. Rätsel 17: Wenn ein Flugzeug in der Luft zerbricht, wo landen die Überlebenden?

18. Rätsel 18: Ein Mann steht vor einem großen Hotel und kann nicht hineingehen. Warum?

19. Rätsel 19: Du gehst in ein Zimmer, in dem sich zwei Menschen befinden. Einer von ihnen ist dein Vater. Aber wer ist der andere Mensch?

20. Rätsel 20: Was ist immer in der Nacht, verschwindet aber am Morgen und kommt nie zurück?

21. Rätsel 21: Was fliegt ohne Flügel und singt ohne Mund?

22. Rätsel 22: Ich bin großartig in der Hitze, aber nicht in der Kälte. Ich bin sichtbar im Licht, aber unsichtbar im Dunkeln. Was bin ich?

23. Rätsel 23: Ich habe Tasten, aber öffne keine Schlösser. Was bin ich?

24. Rätsel 24: Ich habe ein Herz, das nicht schlägt. Ich habe Blätter, die nicht grün sind. Ich habe Augen, die nicht sehen. Was bin ich?

25. Rätsel 25: Je mehr du wegnimmst, desto größer wird es. Was ist das?

Viel Spaß beim Knobeln und Lösen dieser Rätsel! Wenn Sie die Lösungen zu einzelnen Rätseln benötigen oder weitere Rätsel wünschen, stehe ich gerne zur Verfügung.

Lösungen:

1. Rätsel 1: Man beerdigt keine Überlebenden.
2. Rätsel 2: 31 Menschen sind am Ende im Bus.
3. Rätsel 3: Die Wahrscheinlichkeit beträgt immer noch Null, da der Reifen bereits geplatzt ist.
4. Rätsel 4: Der Bauer hat immer noch 17 Schafe.
5. Rätsel 5: Du zündest zuerst das Streichholz an.
6. Rätsel 6: Ein halbes Tonnen.
7. Rätsel 7: Man beerdigt Überlebende nicht.
8. Rätsel 8: Du wählst die Tür, die zu einem Raum führt, in dem der Löwe seit 3 Monaten nichts gegessen hat, da er inzwischen tot wäre.
9. Rätsel 9: Schreibe "7" in römischen Zahlen: VII.
10. Rätsel 10: Das Haus steht am Nordpol, daher zeigen alle Wände nach Süden.
11. Rätsel 11: Der Buchstabe "M."
12. Rätsel 12: Ein Zwiebel.
13. Rätsel 13: Ein Münchhausen.
14. Rätsel 14: Ein Loch.
15. Rätsel 15: Eine Landkarte.

16. Rätsel 16: Ein Keyboard.
17. Rätsel 17: Überlebende landen nicht, sie schweben.
18. Rätsel 18: Der Mann ist kleinwüchsig und kann die Türklinke nicht erreichen.
19. Rätsel 19: Der andere Mensch ist dein Sohn.
20. Rätsel 20: Das Buchstabe "N."
21. Rätsel 21: Zeit.
22. Rätsel 22: Ein Eiswürfel.
23. Rätsel 23: Ein Klavier.
24. Rätsel 24: Ein Artischockenherz.
25. Rätsel 25: Ein Grab.

Logische Rätsel und Denksportaufgaben

Rätsel 1: Du befindest dich in einem Raum ohne Fenster und Türen. Die einzigen Gegenstände im Raum sind ein Spiegel und ein Holztisch. Wie entkommst du aus dem Raum?

Lösung 1: Du schaust in den Spiegel, siehst, was du gesehen hast, nimmst den Holztisch und siehst ihn in der Mitte durch. Dann setzt du die beiden Hälften zusammen, um einen "Ganzen" zu sehen. Mit diesem "Ganzen" kannst du dann aus dem Raum gehen.

Rätsel 2: Drei Menschen betreten ein Hotelzimmer, das 30 Euro kostet. Jeder gibt dem Hotelier 10 Euro, insgesamt also 30 Euro. Später merkt der Hotelier, dass das Zimmer eigentlich nur 25 Euro kostet. Er gibt dem Hotelpagen 5 Euro und bittet ihn, sie den Gästen zurückzugeben. Der Hotelpage behält jedoch 2 Euro für sich und gibt den Gästen nur 1 Euro pro Person zurück. Jetzt haben die Gäste insgesamt 9 Euro ausgegeben (3 x 9 = 27 Euro). Was ist mit dem fehlenden Euro passiert?

Lösung 2: Das Rätsel verwirrt oft, aber hier ist die Erklärung: Die ursprünglichen 30 Euro wurden vom Hotelier eingesammelt und später gab er 5 Euro dem Hotelpagen zurück. Insgesamt wurden also 30 - 5 = 25 Euro ausgegeben. Die ursprünglichen 30 Euro und die 2 Euro, die der Hotelpage behalten hat, ergeben 32 Euro. Die verbleibenden 3 Euro wurden den Gästen zurückgegeben.

Rätsel 3: Du hast einen Korb voll Äpfel. Du nimmst die Hälfte der Äpfel heraus, plus einen weiteren Apfel, und dann hast du keinen Apfel mehr im Korb. Wie viele Äpfel waren ursprünglich im Korb?

Lösung 3: Es waren ursprünglich zwei Äpfel im Korb. Wenn du die Hälfte der Äpfel herausnimmst (1 Apfel bleibt im Korb), und dann einen weiteren Apfel hinzufügst, hast du insgesamt 2 Äpfel im Korb.

Rätsel 4: Drei Lampen stehen vor dir. Sie sind alle ausgeschaltet. Du kannst den Raum, in dem sich die Lampen befinden, nicht sehen. Du kannst nur einmal in den Raum gehen. Wie kannst du herausfinden, welche der drei Lampen eingeschaltet ist, wenn du den Raum nur einmal betreten kannst?

Lösung 4: Du betrittst den Raum und schaust auf die Lampen. Du berührst eine der Lampen. Wenn sie eingeschaltet und heiß ist, hast du deine Antwort gefunden. Wenn sie ausgeschaltet ist und kalt, musst du die zweite Lampe berühren. Die dritte Lampe ist dann die eingeschaltete, da sie noch warm ist.

Logische Schlussfolgerungen ziehen

Schlussfolgerung 1: Alle Menschen sind sterblich. Sokrates ist ein Mensch. Was können wir über Sokrates schlussfolgern?

Lösung 1: Wir können schlussfolgern, dass Sokrates sterblich ist, da er ein Mensch ist und alle Menschen sterblich sind.

Schlussfolgerung 2: Wenn es regnet, wird die Straße nass. Die Straße ist nass. Was können wir über das Wetter schlussfolgern?

Lösung 2: Wir können schlussfolgern, dass es geregnet hat, da die Straße nass ist.

Schlussfolgerung 3: Alle Vögel können fliegen. Pinguine sind Vögel. Können Pinguine fliegen?

Lösung 3: Wir können schlussfolgern, dass nicht alle Vögel fliegen können, da Pinguine, obwohl sie Vögel sind, nicht fliegen können.

Schlussfolgerung 4: Wenn es Winter ist, ist es kalt. Es ist Winter. Was können wir über das Wetter schlussfolgern?

Lösung 4: Wir können schlussfolgern, dass es kalt ist, da es Winter ist.

Schlussfolgerung 5: Alle Studenten an dieser Schule tragen Uniformen. Maria ist eine Schülerin an dieser Schule. Trägt Maria eine Uniform?

Lösung 5: Ja, wir können schlussfolgern, dass Maria eine Uniform trägt, da alle Studenten an dieser Schule Uniformen tragen.

Schlussfolgerung 6: Wenn Tom morgens Sport treibt, dann duscht er danach. Tom hat geduscht. Können wir daraus schließen, dass Tom Sport getrieben hat?

Lösung 6: Nein, wir können nicht sicher schlussfolgern, dass Tom Sport getrieben hat, da er auch aus anderen Gründen duschen könnte.

Schlussfolgerung 7: Alle Katzen haben Krallen. Dieses Tier hat Krallen. Ist dieses Tier eine Katze?

Lösung 7: Nein, wir können nicht sicher schlussfolgern, dass dieses Tier eine Katze ist, da andere Tiere ebenfalls Krallen haben können.

Schlussfolgerung 8: Wenn es schneit, ist die Straße glatt. Die Straße ist glatt. Hat es geschneit?

Lösung 8: Wir können nicht sicher schlussfolgern, dass es geschneit hat, da die Straße auch aus anderen Gründen glatt sein könnte.

Schlussfolgerung 9: Alle Menschen atmen Sauerstoff. Diese Person atmet Sauerstoff. Ist diese Person ein Mensch?

Lösung 9: Ja, wir können schlussfolgern, dass diese Person ein Mensch ist, da alle Menschen Sauerstoff atmen.

Schlussfolgerung 10: Wenn es regnet, wird der Boden nass. Der Boden ist nass. Hat es geregnet?

Lösung 10: Wir können schlussfolgern, dass es geregnet hat, da der Boden nass ist und Regen der häufigste Grund für einen nassen Boden ist.

Diese Beispiele zeigen, wie logische Schlussfolgerungen auf der Grundlage von gegebenen Informationen gezogen werden können.

Knobelaufgaben zur Förderung des kritischen Denkens

1. Auf einer Farm gibt es Hühner und Schafe. Wenn man die Anzahl der Beine zählt und auf 200 Beine kommt, wie viele Hühner und wie viele Schafe gibt es auf der Farm?

2. Ein Vater und sein Sohn haben zusammen 36 Jahre. Der Vater ist viermal so alt wie sein Sohn. Wie alt ist jeder?

3. Wenn ein Flugzeug abstürzt, genau an der Grenze zwischen Deutschland und Frankreich, wo beerdigt man die Überlebenden?

4. Ein Mann baute sein Haus mit Blick nach Norden. Ein Bär kommt vorbei. Welche Farbe hat der Bär?

5. Ein Arzt gibt dir 3 Tabletten, die du alle 30 Minuten einnehmen sollst. Wie viele Stunden dauert es, bis die Tabletten aufgebraucht sind?

6. Du befindest dich in einem dunklen Raum mit einer Kerze, einem Ölofen und einem Holzofen, aber du hast nur einen Streichholz. Was zündest du zuerst an?

7. Zwei Männer spielen Schach. Sie spielen fünf Spiele und jeder gewinnt drei Spiele. Wie ist das möglich?

8. Was ist schwerer als 1 Tonne, aber leichter als 1 Tonne?

9. Ein Flugzeug stürzt auf der Grenze zwischen Kanada und den USA ab. Wo beerdigt man die Überlebenden?

10. Wie kann ein Mann 8 Tage ohne Schlaf überleben?

11. Ein Mann verlässt sein Haus am Morgen und geht an einem Mann vorbei, der eine Maske trägt. Warum trägt der Mann die Maske?

12. Was ist am Anfang der Nacht und am Ende des Morgens, aber wird in der Mitte des Tages nicht gefunden?
13. Welches Wort wird kürzer, wenn du Buchstaben hinzufügst?

14. Ich kann fliegen, ohne Flügel zu haben. Ich kann weinen, ohne Augen zu haben. Wo bin ich?

15. Wenn du mich zerbrichst, bleibe ich still. Wenn du mich beendest, weine ich. Was bin ich?

16. Ich bin großartig in der Hitze, aber nicht in der Kälte. Ich bin sichtbar im Licht, aber unsichtbar im Dunkeln. Was bin ich?

17. Was ist immer in der Nacht, verschwindet aber am Morgen und kommt nie zurück?
18. Wenn du mich hast, willst du mich teilen. Wenn du mich teilst, hast du mich nicht mehr. Was bin ich?

19. Ich habe Tasten, aber öffne keine Schlösser. Was bin ich?

20. Was geht auf vier Beinen am Morgen, auf zwei Beinen am Mittag und auf drei Beinen am Abend?
21. Du wirfst mich weg, wenn du mich nimmst. Was bin ich?

22. Je mehr du wegnimmst, desto größer werde ich. Was bin ich?

23. Wenn du mich brauchst, wirfst du mich weg. Wenn du mich nicht brauchst, nimmst du mich wieder. Was bin ich?

24. Was kommt einmal in einer Minute, zweimal in einem Moment, aber nie in tausend Jahren vor?
25. Was hat einen Kopf, einen Schwanz, ist braun und hat keine Beine?

26. Ich kann fliegen, ohne Flügel zu haben. Ich kann weinen, ohne Augen zu haben. Wo bin ich?

27. Was ist schwerer als 1 Tonne, aber leichter als 1 Tonne?

28. Wenn ein Flugzeug in der Luft zerbricht, wo landen die Überlebenden?
29. Welches Wort wird länger, wenn du Buchstaben hinzufügst?

30. Was ist immer in der Nacht, verschwindet aber am Morgen und kommt nie zurück?

Lösungen zu den Knobelaufgaben

Hier sind die Lösungen zu den 30 Knobelaufgaben:

1. Es gibt 100 Hühner und 100 Schafe auf der Farm.
2. Der Sohn ist 9 Jahre alt, und der Vater ist 36 Jahre alt.
3. Überlebende werden nicht beerdigt.
4. Der Bär ist weiß, da das Haus am Nordpol steht und es nur weiße Bären gibt.
5. Die Tabletten sind nach 1 Stunde aufgebraucht, da du sie alle 30 Minuten einnimmst.
6. Du zündest zuerst das Streichholz an.

7. Die beiden Männer spielen nicht gegeneinander, sondern jeweils gegen andere Spieler.
8. Ein halbes Tonnen.
9. Überlebende werden nicht beerdigt.
10. Er schläft nachts.
11. Der Mann trägt die Maske, weil er beim Rasieren ist.
12. Der Buchstabe "N."
13. Kurz.
14. Eine Wolke.
15. Eine Kerze.
16. Ein Eiswürfel.
17. Der Buchstabe "N."
18. Ein Geheimnis.
19. Ein Klavier.
20. Der Mensch. Am Morgen des Lebens krabbelt er auf allen vieren (Baby), am Mittag steht er auf zwei Beinen (Erwachsener), und am Abend geht er mit einem Stock (ältere Person).
21. Ein Würfel.
22. Ein Loch.
23. Ein Anker.
24. Der Buchstabe "M."
25. Ein Bürzel.

26. Eine Wolke.
27. Ein halbes Tonnen.
28. Überlebende landen nicht, sie schweben.
29. "Länger."
30. Der Buchstabe "N."

Ich hoffe, diese Lösungen helfen Ihnen, die Knobelaufgaben zu verstehen. Wenn Sie weitere Fragen haben oder weitere Rätsel wünschen, stehe ich Ihnen gerne zur Verfügung.

Danksagung

Liebes Mathematik-Freundes-Team,

Wir möchten uns herzlich bei Ihnen für Ihre Unterstützung und Ihr Interesse an unseren Mathematik-Ferienheften bedanken. Ihr Feedback und Ihre Begeisterung sind die Triebkräfte hinter unserer Arbeit. Wir hoffen, dass unsere Hefte Ihnen beim Lernen und Üben geholfen haben und freuen uns darauf, weiterhin qualitativ hochwertige Materialien für mathematische Bildung bereitzustellen.

Mit freundlichen Grüßen, Das junge Mathematik-Team

URHEBERRECHT, RECHTLICHER HINWEIS UND HAFTUNGSAUSSCHLUSS

Herausgeberin: Junges Mathe Team
Illustration: Junges Mathe Team
Umschlaggestaltung: Junges Mathe Team
Druck und Vertrieb im Auftrag: Junges Mathe Team

Fotos und Bildnachweise - Mitwirkende: (Inhaltslizenzvereinbarung Canva) via Canva.com (Fotos sind Models via Canva)

Haftungsausschluss für den Autor "Junges Mathe Team":

Der Autor "Junges Mathe Team" stellt Informationen, Ratschläge und Materialien auf dieser Plattform zur Verfügung. Es ist wichtig zu beachten, dass diese Informationen ausschließlich zu Bildungszwecken und zur allgemeinen Information dienen. Der Autor übernimmt keine Garantie für die Richtigkeit, Vollständigkeit oder Aktualität der bereitgestellten Informationen. Es wird keine Haftung für jegliche Schäden oder Verluste übernommen, die sich aus der Verwendung der bereitgestellten Informationen ergeben können.

Die mathematischen Konzepte und Inhalte, die von "Junges Mathe Team" bereitgestellt werden, sollen lediglich als allgemeine Orientierungshilfe dienen und ersetzen nicht den Rat von qualifizierten Lehrern oder Fachexperten. Jeder, der die bereitgestellten Informationen nutzt, tut dies auf eigenes Risiko und ist selbst dafür verantwortlich, sicherzustellen, dass die verwendeten Materialien und Ratschläge für ihre individuellen Bedürfnisse geeignet sind.

Der Autor "Junges Mathe Team" behält sich das Recht vor, die bereitgestellten Informationen jederzeit zu ändern, zu aktualisieren oder zu entfernen, ohne dies im Voraus anzukündigen. Es wird empfohlen, zusätzliche Recherche durchzuführen und sich bei Bedarf an qualifizierte Fachleute zu wenden, um sicherzustellen, dass die erhaltenen Informationen korrekt und für den beabsichtigten Verwendungszweck geeignet sind.

Printed in Poland
by Amazon Fulfillment
Poland Sp. z o.o., Wrocław